I0446900

Thank you so much for purchasing my book!

If you enjoyed this book, please write a review on Amazon to encourage me to keep writing.

Please contact me at "elmallaly210@gmail.com." Your comments are valuable. And very interesting to

me in developing production.

This Book Belongs to :

…………………………………………………………………………………………………

…………………………………………………………………………………………………

…………………………………………………………………………………………………

…………………………………………………………………………………………………

X	1	2	3	4	5	6	7	8	9	10
0	0	0	0	0	0	0	0	0	0	0
1	1	2	3	4	5	6	7	8	9	10
2	2	4	6	8	10	12	14	16	18	20
3	3	6	9	12	15	18	21	24	27	30
4	4	8	12	16	20	24	28	32	36	40
5	5	10	15	20	25	30	35	40	45	50
6	6	12	18	24	30	36	42	48	54	60
7	7	14	21	28	35	42	49	56	63	70
8	8	16	24	32	40	48	56	64	72	80
9	9	18	27	36	45	54	63	72	81	90
10	10	20	30	40	50	60	70	80	90	100

Date .... / Score ....

X	1	2	3	4	5	6	7	8	9	10
0										
1										
2										
3										
4										
5										
6										
7										
8										
9										
10										

Date ………………………………. / Score ……………

X	1	2	3	4	5	6	7	8	9	10
0										
1										
2										
3										
4										
5										
6										
7										
8										
9										
10										

Date ………………………………… / Score ……………….

X	1	2	3	4	5	6	7	8	9	10
0										
1										
2										
3										
4										
5										
6										
7										
8										
9										
10										

Date .... / Score ....

X	1	2	3	4	5	6	7	8	9	10
0										
1										
2										
3										
4										
5										
6										
7										
8										
9										
10										

Date ………………………………… / Score ………………

X	1	2	3	4	5	6	7	8	9	10
0										
1										
2										
3										
4										
5										
6										
7										
8										
9										
10										

Date .... / Score ....

X	1	2	3	4	5	6	7	8	9	10
0										
1										
2										
3										
4										
5										
6										
7										
8										
9										
10										

Date ………………………………. / Score ……………

X	1	2	3	4	5	6	7	8	9	10
0										
1										
2										
3										
4										
5										
6										
7										
8										
9										
10										

Date .... / Score ....

X	1	2	3	4	5	6	7	8	9	10
0										
1										
2										
3										
4										
5										
6										
7										
8										
9										
10										

Date …………………………………… / Score ………………

X	1	2	3	4	5	6	7	8	9	10
0										
1										
2										
3										
4										
5										
6										
7										
8										
9										
10										

Date …………………………………….. / Score ………………

X	1	2	3	4	5	6	7	8	9	10
0										
1										
2										
3										
4										
5										
6										
7										
8										
9										
10										

Date ………………………………. / Score ……………….

X	1	2	3	4	5	6	7	8	9	10
0										
1										
2										
3										
4										
5										
6										
7										
8										
9										
10										

Date .... / Score ....

X	1	2	3	4	5	6	7	8	9	10
0										
1										
2										
3										
4										
5										
6										
7										
8										
9										
10										

Date .... / Score ....

X	1	2	3	4	5	6	7	8	9	10
0										
1										
2										
3										
4										
5										
6										
7										
8										
9										
10										

Date .... / Score ....

X	1	2	3	4	5	6	7	8	9	10
0										
1										
2										
3										
4										
5										
6										
7										
8										
9										
10										

Date ……………………………… / Score ………………

X	1	2	3	4	5	6	7	8	9	10
0										
1										
2										
3										
4										
5										
6										
7										
8										
9										
10										

Date .... / Score ....

X	1	2	3	4	5	6	7	8	9	10
0										
1										
2										
3										
4										
5										
6										
7										
8										
9										
10										

Date .... / Score ....

X	1	2	3	4	5	6	7	8	9	10
0										
1										
2										
3										
4										
5										
6										
7										
8										
9										
10										

Date .... / Score ....

X	1	2	3	4	5	6	7	8	9	10
0										
1										
2										
3										
4										
5										
6										
7										
8										
9										
10										

Date …………………………… / Score ……………

X	1	2	3	4	5	6	7	8	9	10
0										
1										
2										
3										
4										
5										
6										
7										
8										
9										
10										

Date ……………………………………. / Score ………………

X	1	2	3	4	5	6	7	8	9	10
0										
1										
2										
3										
4										
5										
6										
7										
8										
9										
10										

Date ……………………………………… / Score ………………

X	1	2	3	4	5	6	7	8	9	10
0										
1										
2										
3										
4										
5										
6										
7										
8										
9										
10										

Date .... / Score ....

2x3=	4x2=	3x2=	4x1=
4x1=	2x2=	4x2=	3x2=
1x4=	3x4=	2x3=	4x2=
4x1=	2x4=	1x2=	4x2=
2x1=	1x4=	2x4=	3x2=
1x3=	4x2=	3x2=	1x4=
2x4=	3x1=	4x1=	4x2=
4x2=	2x3=	1x4=	3x1=
2x4=	1x2=	4x2=	3x2=
1x4=	2x4=	3x4=	4x1=
4x1=	1x3=	4x1=	3x3=

Date .... / Score ....

4x2=	3x1=	1x2=	2x4=
3x4=	4x2=	2x3=	4x2=
4x2=	3x2=	1x4=	2x1=
4x2=	1x4=	2x2=	4x2=
1x4=	4x2=	2x4=	2x3=
4x2=	2x2=	4x2=	3x3=
1x4=	2x4=	2x3=	4x2=
4x1=	3x4=	1x2=	4x2=
2x1=	1x4=	4x2=	3x2=
1x3=	4x2=	3x2=	1x4=
2x4=	3x1=	4x1=	1x3=
4x2=	2x3=	1x4=	3x1=
2x4=	1x2=	4x3=	3x2=

Date ……………………………….. / Score ………………

1x4=	2x4=	3x4=	4x1=
4x1=	1x3=	4x1=	3x3=
4x2=	3x1=	1x2=	2x4=
2x4=	4x2=	2x3=	4x2=
4x2=	3x2=	1x4=	2x1=
4x1=	1x4=	2x2=	4x2=
1x4=	4x2=	2x4=	2x3=
4x2=	2x2=	4x2=	2x3=
1x4=	2x4=	2x3=	2x4=
4x1=	2x4=	1x2=	4x3=
2x1=	1x4=	2x4=	3x2=
1x3=	4x2=	3x2=	1x4=
2x4=	3x1=	4x1=	4x2=
4x2=	2x3=	1x4=	3x1=

Date ……………………………………… / Score ………………

2x4=	1x2=	4x1=	3x2=
1x4=	2x4=	2x4=	4x1=
4x1=	1x3=	4x1=	3x1=
4x2=	3x1=	1x2=	2x4=
2x4=	4x2=	2x3=	4x2=
4x3=	3x2=	1x4=	2x1=
4x4=	1x4=	2x2=	4x3=
1x4=	4x2=	2x4=	2x3=
2x3=	4x2=	3x2=	4x1=
4x2=	2x2=	4x2=	3x2=
1x4=	2x4=	2x3=	4x1=
4x2=	1x4=	4x1=	2x4=

Date .... / Score ....

3x2=	1x2=	4x2=	4x2=
1x4=	3x4=	2x3=	4x1=
2x4=	1x2=	2x4=	4x2=
4x2=	4x2=	1x3=	3x1=
2x1=	4x2=	2x4=	1x4=
4x1=	2x4=	1x3=	2x4=
2x4=	1x2=	4x1=	2x3=
4x2=	1x4=	2x4=	3x1=
4x2=	3x1=	2x1=	4x2=
1x2=	2x4=	3x2=	2x3=
4x2=	3x1=	2x4=	4x2=
1x4=	4x2=	2x3=	3x1=
3x4=	1x2=	4x1=	2x3=

Date ……………………………………… / Score ………………

4x2=	2x5=	2x4=	3x2=
5x3=	4x2=	2x2=	2x5=
2x2=	2x5=	3x2=	2x3=
5x2=	3x2=	2x5=	4x2=
2x3=	5x2=	3x3=	4x2=
4x2=	2x2=	4x2=	3x3=
2x5=	2x4=	3x4=	3x5=
5x3=	2x2=	5x2=	4x2=
3x2=	2x4=	4x4=	2x5=
5x2=	3x2=	2x2=	3x5=
2x4=	3x2=	2x3=	4x2=
5x2=	2x4=	3x2=	4x3=
2x3=	2x5=	4x3=	5x2=
3x4=	2x2=	3x5=	2x2=

Date ……………………………….. / Score ………………

2x4=	4x3=	3x2=	2x2=
2x4=	5x2=	2x3=	4x2=
3x5=	2x2=	4x2=	2x3=
4x2=	2x5=	2x4=	3x2=
5x3=	4x2=	2x2=	2x5=
2x2=	4x5=	3x2=	2x3=
5x4=	3x2=	2x5=	4x2=
2x4=	5x2=	2x3=	3x2=
3x5=	2x2=	4x2=	2x3=
4x2=	2x5=	2x4=	3x2=
5x3=	4x2=	2x2=	3x5=
2x4=	4x3=	3x2=	2x2=
2x4=	5x2=	2x3=	4x2=
3x5=	2x2=	4x2=	2x3=

Date ……………………………………. / Score ………………

4x2=	2x5=	2x4=	3x2=
5x2=	4x2=	2x2=	3x5=
2x2=	2x5=	3x2=	2x3=
5x4=	3x2=	2x5=	4x2=
2x3=	5x2=	3x3=	4x2=
4x2=	2x2=	4x3=	3x3=
2x5=	3x4=	2x3=	4x2=
5x2=	2x4=	4x2=	3x5=
2x3=	4x2=	2x2=	4x5=
3x4=	2x5=	3x4=	3x2=
5x2=	4x2=	2x2=	3x5=
2x4=	4x3=	3x2=	2x2=
2x4=	5x2=	2x3=	4x2=
3x5=	2x2=	4x2=	2x3=

Date …………………………………….. / Score ………………….

4x2=	2x5=	2x4=	3x2=
5x3=	4x2=	2x2=	3x5=
2x2=	4x5=	3x2=	2x3=
5x3=	3x2=	2x5=	4x2=
3x4=	5x2=	2x3=	3x3=
3x5=	3x2=	4x2=	2x3=
4x2=	2x5=	2x4=	3x2=
5x3=	4x2=	2x2=	3x5=
2x4=	4x3=	3x2=	2x2=
2x4=	5x2=	2x3=	4x2=
3x5=	2x2=	4x2=	2x3=
4x2=	3x5=	2x4=	3x2=
5x3=	4x2=	2x2=	3x5=
2x2=	4x5=	3x2=	2x3=

Date .... / Score ....

5x4=	3x2=	2x5=	4x2=
6x2=	4x3=	5x2=	3x2=
4x5=	6x3=	3x5=	2x6=
6x2=	5x3=	2x5=	4x2=
5x3=	6x2=	2x6=	2x4=
2x6=	3x4=	5x2=	4x3=
2x5=	6x2=	2x3=	5x2=
3x6=	2x2=	4x3=	5x2=
6x5=	3x2=	2x5=	2x3=
4x6=	2x5=	6x3=	2x2=
5x4=	3x2=	4x2=	6x2=
2x4=	5x2=	6x2=	3x5=
2x3=	5x2=	3x3=	4x2=
4x2=	2x2=	4x3=	3x3=

Date ………………………………….. / Score ……………….

2x5=	3x4=	2x3=	4x2=
5x2=	2x4=	4x2=	3x5=
2x3=	3x2=	2x2=	4x5=
3x4=	2x5=	2x4=	3x2=
5x2=	4x2=	2x2=	3x5=
2x4=	4x3=	3x2=	2x3=
2x4=	5x2=	2x3=	4x2=
3x5=	2x2=	4x2=	2x3=
4x2=	2x5=	2x4=	3x2=
5x3=	4x2=	2x2=	3x5=
3x2=	4x5=	3x2=	2x3=
5x4=	3x2=	2x5=	4x2=
6x4=	5x2=	2x3=	3x2=
4x3=	6x2=	4x3=	3x5=

Date .... / Score ....

3x6=	5x4=	4x2=	2x6=
2x3=	5x2=	3x3=	4x2=
4x2=	2x2=	4x3=	3x3=
2x5=	3x4=	2x3=	4x2=
5x3=	2x4=	4x2=	3x5=
4x3=	3x2=	2x2=	4x5=
3x4=	3x5=	2x4=	3x3=
5x2=	4x2=	2x3=	3x5=
2x4=	4x3=	3x2=	2x3=
2x4=	5x3=	2x3=	4x2=
3x5=	3x2=	4x3=	2x3=
4x2=	2x5=	2x4=	3x3=
5x3=	4x2=	2x2=	3x5=
2x2=	4x5=	3x2=	2x3=

Date ………………………………….. / Score ……………….

5x4=	3x2=	2x5=	4x2=
2x4=	5x2=	2x3=	4x2=
3x5=	2x2=	4x2=	2x3=
4x2=	2x5=	2x4=	3x2=
5x3=	4x2=	2x2=	3x5=
2x4=	4x3=	3x2=	2x2=
2x4=	5x2=	2x3=	4x2=
3x5=	2x2=	4x2=	2x3=
4x2=	2x5=	2x4=	3x2=
5x3=	4x2=	2x2=	3x5=
2x2=	4x5=	3x2=	2x3=
5x4=	3x2=	2x5=	4x2=
6x4=	5x6=	6x3=	4x6=
5x2=	4x2=	5x3=	6x2=

Date .... / Score ....

3x6=	3x4=	6x3=	3x6=
4x4=	3x3=	5x3=	6x5=
6x3=	3x3=	6x4=	3x5=
5x4=	3x3=	5x5=	3x3=
6x6=	3x3=	3x6=	4x5=
3x6=	4x3=	6x3=	3x3=
3x3=	5x3=	3x3=	4x3=
4x3=	3x3=	4x3=	3x3=
3x5=	3x4=	3x3=	4x3=
5x3=	3x4=	4x3=	3x5=
3x3=	3x3=	3x3=	4x5=
3x4=	3x5=	3x4=	3x3=
5x3=	4x3=	3x3=	3x5=
3x4=	4x3=	3x3=	3x3=

Date ………………………………….. / Score ……………….

3x4=	5x3=	3x3=	4x3=
3x5=	3x3=	4x3=	3x3=
4x3=	3x5=	3x4=	3x3=
5x3=	4x3=	3x3=	3x5=
3x3=	4x5=	3x3=	3x3=
5x4=	3x3=	3x5=	4x3=
3x4=	5x3=	3x3=	3x3=
3x5=	3x3=	4x3=	3x3=
4x3=	3x5=	3x4=	3x3=
5x3=	4x3=	3x3=	3x5=
3x4=	4x3=	3x3=	3x3=
3x4=	5x3=	3x3=	4x3=
3x5=	3x3=	4x3=	3x3=
4x3=	3x5=	3x4=	3x3=

Date .... / Score ....

5x3=	4x3=	3x3=	3x5=
3x3=	4x5=	3x3=	3x3=
5x4=	3x3=	3x5=	4x3=
6x3=	4x4=	5x5=	6x3=
3x6=	3x5=	3x6=	5x4=
3x6=	5x3=	6x3=	4x5=
3x4=	4x6=	5x6=	6x4=
3x7=	7x3=	3x7=	4x7=
5x6=	6x7=	3x7=	7x4=
3x3=	3x3=	3x3=	4x4=
5x5=	6x6=	7x7=	3x6=
7x3=	7x5=	6x4=	3x7=
6x3=	5x7=	3x7=	3x7=
3x3=	3x4=	7x3=	4x7=

Date ……………………………….. / Score ………………

5x3=	6x3=	3x6=	3x3=
7x6=	3x3=	7x3=	4x3=
6x5=	3x7=	3x4=	5x3=
3x3=	5x3=	3x3=	4x3=
4x3=	3x3=	4x3=	3x3=
3x5=	3x4=	3x3=	4x3=
5x3=	3x4=	4x3=	3x5=
5x3=	3x3=	3x3=	4x5=
3x4=	3x5=	3x4=	3x3=
5x3=	4x3=	3x3=	3x5=
3x4=	4x3=	3x3=	3x3=
3x4=	5x3=	3x3=	4x3=
3x5=	3x3=	4x3=	3x3=
4x3=	3x5=	3x4=	3x3=

Date .... / Score ....

5x3=	4x3=	3x3=	3x5=
3x3=	4x5=	3x3=	3x3=
5x4=	3x3=	3x5=	4x3=
3x6=	6x3=	3x4=	5x6=
3x3=	6x3=	4x6=	5x4=
3x5=	6x4=	5x3=	3x3=
4x3=	3x6=	3x6=	5x3=
6x5=	3x3=	4x5=	3x4=
5x3=	6x3=	3x3=	3x3=
6x4=	3x3=	3x6=	4x3=
6x3=	4x3=	5x3=	3x3=
3x5=	3x3=	4x6=	5x4=
6x3=	3x3=	4x3=	5x3=
3x4=	4x5=	3x3=	3x6=

Date .... / Score ....

5x6=	3x4=	5x3=	4x3=
6x3=	3x6=	3x3=	4x3=
3x5=	6x5=	4x3=	3x3=
3x3=	5x4=	3x6=	3x5=
4x3=	5x3=	3x6=	6x4=
6x3=	4x3=	5x3=	3x3=
3x3=	4x6=	3x3=	5x4=
6x3=	3x3=	4x3=	5x3=
3x3=	5x3=	3x3=	4x3=
4x3=	3x3=	4x3=	3x3=
3x5=	3x4=	3x3=	4x3=
5x3=	3x4=	4x3=	3x5=
3x3=	3x3=	3x3=	4x5=
3x4=	3x5=	3x4=	3x3=

Date .... / Score ....

5x4=	4x4=	4x4=	3x5=
4x4=	4x3=	3x4=	4x4=
4x4=	5x4=	4x3=	4x4=
3x5=	4x4=	4x4=	4x3=
4x4=	3x5=	4x4=	3x3=
5x3=	4x3=	4x3=	3x5=
3x4=	4x5=	3x4=	4x3=
5x4=	3x3=	4x5=	4x4=
3x4=	5x4=	4x3=	3x3=
3x5=	3x4=	4x3=	4x3=
4x4=	3x5=	4x4=	3x3=
5x3=	4x3=	4x3=	3x5=
3x4=	4x3=	3x4=	4x3=
4x4=	5x3=	3x3=	4x4=

Date .... / Score ....

3x5=	3x2=	4x3=	2x3=
4x2=	3x5=	2x4=	3x3=
5x3=	4x3=	2x3=	3x5=
3x2=	4x5=	3x2=	2x3=
5x4=	3x3=	2x5=	4x2=
3x4=	5x2=	2x3=	3x3=
3x5=	3x2=	4x3=	2x3=
4x2=	3x5=	2x4=	3x3=
5x3=	4x3=	2x3=	3x5=
3x4=	4x3=	3x2=	2x3=
2x4=	5x3=	3x3=	4x2=
3x5=	3x2=	4x3=	2x3=
4x2=	3x5=	2x4=	3x3=
5x3=	4x3=	2x3=	3x5=

Date .... / Score ....

2x3=	5x2=	3x3=	4x3=
4x2=	2x2=	4x3=	3x3=
3x5=	3x4=	2x3=	4x3=
5x3=	2x4=	4x2=	3x5=
3x3=	3x2=	3x2=	4x5=
3x4=	3x5=	2x4=	3x3=
5x2=	4x3=	2x3=	3x5=
3x4=	4x3=	3x2=	2x3=
2x4=	5x3=	3x3=	4x2=
3x5=	3x2=	4x3=	2x3=
4x2=	3x5=	2x4=	3x3=
5x3=	4x3=	2x3=	3x5=
3x2=	4x5=	3x2=	2x3=
5x4=	3x3=	2x5=	4x2=

Date ……………………………………. / Score ………………

3x4=	5x4=	4x3=	3x3=
3x5=	3x4=	4x3=	4x3=
4x4=	3x5=	4x4=	3x3=
5x3=	4x3=	4x3=	3x5=
3x4=	4x3=	3x4=	4x3=
4x4=	5x3=	3x3=	4x4=
3x5=	3x4=	4x3=	4x3=
4x4=	3x5=	4x4=	3x3=
5x3=	4x3=	4x3=	3x5=
3x4=	4x5=	3x4=	4x3=
5x4=	3x3=	4x5=	4x4=
6x4=	3x3=	5x4=	3x6=
4x5=	6x3=	5x4=	4x3=
3x6=	3x5=	6x4=	4x3=

Date .... / Score ....

6x3=	3x4=	6x6=	5x6=
6x3=	5x6=	3x3=	4x3=
4x6=	6x6=	4x3=	3x3=
3x5=	3x4=	6x3=	4x3=
5x3=	6x4=	4x6=	3x5=
3x3=	3x6=	3x6=	4x5=
3x4=	3x5=	6x4=	3x3=
5x6=	4x3=	6x3=	3x5=
3x4=	4x3=	3x6=	6x3=
6x4=	5x3=	3x3=	4x6=
3x5=	3x6=	4x3=	6x3=
4x6=	3x5=	6x4=	3x3=
5x3=	4x3=	6x3=	3x5=
3x6=	4x5=	3x6=	6x3=

Date .... / Score ....

5x4=	3x3=	6x5=	4x6=
6x6=	3x3=	5x4=	3x6=
4x5=	6x3=	5x6=	6x3=
3x6=	3x5=	6x6=	4x3=
6x3=	3x4=	6x6=	5x6=
7x4=	5x3=	3x7=	4x6=
3x6=	7x6=	6x3=	5x3=
4x7=	3x3=	7x3=	6x5=
6x6=	3x7=	4x6=	3x4=
5x7=	6x5=	7x3=	4x3=
3x8=	7x4=	3x7=	6x4=
8x6=	4x3=	6x3=	6x4=
5x8=	3x6=	3x8=	4x7=
8x3=	7x5=	6x4=	5x3=

Date .... / Score ....

6x7=	8x3=	3x4=	3x6=
4x6=	3x8=	6x4=	3x5=
6x3=	5x6=	3x3=	4x3=
4x6=	6x6=	4x3=	3x3=
3x5=	3x4=	6x3=	4x3=
5x3=	6x4=	4x6=	3x5=
3x3=	3x6=	3x6=	4x5=
3x4=	3x5=	6x4=	3x3=
5x6=	4x3=	6x3=	3x5=
3x4=	4x3=	3x6=	6x3=
6x4=	5x3=	3x3=	4x6=
3x5=	3x6=	4x3=	6x3=
4x6=	3x5=	6x4=	3x3=
5x3=	4x3=	6x3=	3x5=

Date .... / Score ....

3x5=	6x6=	5x6=	6x8=
3x6=	4x6=	6x7=	4x6=
6x6=	5x6=	4x3=	4x6=
4x5=	6x6=	5x6=	6x8=
6x3=	4x6=	6x6=	5x6=
3x6=	5x3=	6x3=	3x5=
6x4=	5x3=	6x3=	3x4=
6x6=	4x6=	3x7=	4x3=
3x6=	6x6=	6x3=	4x4=
4x5=	3x6=	3x6=	5x3=
6x6=	4x6=	4x4=	3x6=
5x4=	6x6=	3x5=	4x6=
6x6=	4x6=	6x6=	3x6=
3x6=	6x6=	3x6=	6x4=

Date ……………………………………… / Score ………………

4x7=	3x5=	4x4=	5x3=
6x7=	4x7=	7x8=	3x6=
3x6=	5x3=	4x4=	7x3=
4x7=	3x7=	7x5=	4x7=
3x3=	5x3=	3x3=	4x3=
4x3=	3x3=	4x3=	3x3=
3x4=	3x4=	4x3=	3x5=
3x3=	4x5=	3x6=	4x7=
3x4=	5x3=	3x3=	4x8=
3x4=	4x3=	3x3=	4x9=
3x5=	6x3=	5x3=	3x8=
3x6=	4x3=	3x7=	4x6=
6x3=	5x3=	3x7=	4x5=
4x5=	6x3=	5x3=	3x9=

Date …………………………………….. / Score ………………

6x7=	4x6=	6x6=	5x4=
6x6=	5x8=	8x8=	8x7=
8x5=	5x8=	7x8=	6x4=
6x6=	4x6=	6x7=	4x6=
6x6=	6x6=	6x6=	4x4=
4x5=	4x7=	7x7=	5x7=
7x7=	4x7=	4x4=	4x7=
5x4=	7x7=	7x5=	4x7=
6x7=	4x7=	7x7=	5x7=
7x7=	9x7=	6x7=	7x4=
4x7=	7x5=	4x4=	5x6=
6x6=	4x6=	6x8=	6x6=
6x6=	5x6=	4x4=	6x6=
4x6=	6x6=	6x5=	4x6=

Date .... / Score ....

6x5=	9x5=	6x4=	5x9=
6x5=	4x5=	5x8=	9x6=
9x6=	5x9=	4x4=	5x10=
4x5=	9x5=	5x5=	4x5=
8x5=	6x5=	9x5=	4x9=
5x4=	4x5=	5x6=	9x5=
8x9=	5x9=	4x5=	4x6=
5x6=	6x9=	8x5=	9x4=
6x7=	7x5=	8x9=	4x5=
10x5=	9x5=	5x10=	4x8=
5x9=	5x5=	6x9=	4x5=
4x5=	5x5=	4x9=	9x7=
9x4=	5x4=	4x5=	9x5=
9x6=	5x5=	9x5=	4x8=

Date .... / Score ....

5x4=	4x8=	8x5=	4x9=
8x5=	6x5=	5x5=	5x8=
8x6=	4x5=	5x7=	4x6=
6x5=	5x5=	8x7=	4x5=
4x5=	6x5=	5x5=	5x9=
6x8=	4x5=	5x6=	5x4=
8x6=	5x8=	5x8=	8x7=
6x5=	5x8=	5x8=	8x4=
6x5=	4x8=	8x7=	4x8=
8x6=	6x5=	5x8=	4x4=
4x5=	8x6=	8x5=	5x8=
5x6=	4x5=	4x4=	8x5=
5x4=	6x5=	8x5=	4x5=
6x5=	4x5=	5x6=	8x6=

Date .... / Score ....

7x6=	6x5=	8x5=	5x4=
4x5=	8x5=	4x4=	5x6=
6x5=	4x5=	5x8=	8x6=
8x6=	5x8=	4x4=	5x10=
4x5=	8x5=	5x5=	4x8=
8x4=	6x5=	5x9=	4x5=
6x5=	8x8=	7x4=	10x5=
9x5=	6x5=	8x4=	7x5=
8x6=	7x8=	9x5=	6x8=
9x4=	10x8=	7x6=	8x5=
8x4=	9x8=	10x4=	6x9=
7x5=	8x6=	9x7=	10x5=
8x8=	9x5=	6x10=	7x8=
9x5=	10x8=	7x9=	8x7=

Date .... / Score ....

6x9=	8x4=	9x5=	7x10=
8x5=	7x7=	10x4=	9x6=
9x4=	6x5=	7x8=	10x7=
8x6=	9x7=	10x5=	7x9=
7x6=	10x5=	9x7=	8x10=
9x4=	8x7=	7x5=	10x6=
8x4=	9x6=	6x7=	10x9=
7x8=	6x4=	9x5=	8x7=
8x5=	7x9=	10x7=	6x8=
9x5=	8x4=	6x9=	7x10=
10x4=	7x7=	9x6=	8x7=
8x6=	10x5=	9x7=	7x8=
9x5=	8x7=	10x5=	7x9=
8x4=	9x7=	10x4=	6x9=

Date ………………………………… / Score ………………

7x5=	8x6=	9x7=	10x5=
8x8=	9x5=	6x10=	7x8=
9x5=	10x8=	7x9=	8x7=
6x9=	8x4=	9x5=	7x10=
8x5=	7x8=	10x4=	9x6=
9x4=	6x5=	7x8=	10x7=
8x6=	9x8=	10x5=	7x9=
7x6=	10x5=	9x7=	8x10=
9x4=	8x8=	7x5=	10x6=
8x4=	9x6=	6x7=	10x9=
7x8=	6x4=	9x5=	8x7=
8x5=	7x9=	10x8=	6x8=
9x5=	8x4=	6x9=	7x10=
10x4=	7x8=	9x6=	8x7=

Date .... / Score ....

8x6=	10x5=	9x7=	7x8=
9x5=	8x9=	10x5=	7x9=
8x4=	9x9=	10x4=	6x9=
7x5=	8x6=	9x7=	10x5=
8x9=	9x5=	6x10=	7x8=
9x5=	10x9=	7x9=	8x7=
6x9=	8x4=	9x5=	7x10=
8x5=	7x9=	10x4=	9x6=
9x4=	6x6=	7x8=	10x7=
8x6=	9x9=	10x5=	7x9=
7x6=	10x5=	9x7=	8x10=
9x4=	8x9=	7x5=	10x6=
8x4=	9x6=	6x7=	10x9=
7x8=	6x9=	9x5=	8x7=

Date .... / Score ....

8x5=	7x9=	10x7=	6x8=
9x5=	8x4=	6x9=	7x10=
10x4=	7x7=	9x6=	7x7=
6x7=	7x5=	8x7=	9x5=
8x5=	6x4=	9x7=	7x4=
6x8=	7x7=	8x4=	9x4=
9x5=	8x5=	6x6=	7x5=
6x7=	8x6=	9x6=	7x6=
6x8=	9x7=	8x8=	7x7=
9x8=	6x10=	7x8=	8x9=
9x9=	6x10=	7x10=	8x10=
10x10=	9x10=	8x7=	6x6=
7x9=	10x9=	8x5=	6x9=

Date .... / Score ....

7x10=	10x8=	9x6=	8x8=
10x7=	9x9=	6x7=	7x7=
8x6=	9x5=	7x8=	6x8=
8x9=	6x10=	7x10=	9x7=
9x8=	10x10=	8x7=	6x6=
7x9=	10x9=	8x6=	6x9=
7x10=	10x8=	9x6=	8x8=
10x7=	9x9=	6x7=	7x7=
8x6=	9x6=	7x8=	6x8=
8x9=	6x10=	7x10=	9x7=
9x8=	10x10=	8x7=	6x6=
7x9=	10x9=	8x5=	6x9=
7x10=	10x8=	9x6=	8x8=

Date .... / Score ....

10x7=	9x9=	6x7=	7x7=
8x6=	9x5=	7x8=	6x8=
8x9=	6x10=	7x10=	9x7=
9x8=	10x10=	8x7=	6x6=
7x9=	10x9=	8x5=	6x9=
7x10=	10x8=	9x6=	8x8=
10x7=	9x9=	9x7=	7x7=
8x6=	9x5=	7x8=	6x8=
8x9=	6x10=	7x10=	9x7=
9x8=	10x10=	8x7=	6x6=
7x9=	10x9=	8x5=	6x9=
7x10=	10x8=	9x6=	8x8=
10x7=	9x9=	6x7=	7x7=
8x6=	9x6=	7x8=	6x8=

Date .... / Score ....

8x9=	6x10=	7x10=	9x7=
9x8=	10x10=	8x7=	6x6=
7x9=	10x9=	8x5=	6x9=
7x10=	10x8=	9x6=	8x8=
10x7=	9x9=	6x7=	7x7=
8x6=	9x5=	7x8=	6x8=
8x9=	6x10=	7x10=	9x7=
9x8=	10x10=	8x7=	6x6=
7x9=	10x9=	8x5=	6x9=
7x10=	10x8=	9x6=	8x8=
10x7=	8x9=	6x7=	10x7=
8x6=	9x7=	7x8=	6x8=
8x9=	6x10=	7x10=	9x7=
9x8=	10x10=	8x7=	6x6=

Date .... / Score ....

7x9=	10x9=	8x5=	6x9=
7x10=	10x8=	9x6=	8x8=
10x7=	9x9=	6x7=	7x7=
8x6=	9x5=	7x8=	8x5=
6x7=	8x9=	9x6=	7x8=
10x5=	6x8=	9x7=	8x6=
7x6=	10x7=	8x7=	9x8=
6x9=	7x10=	9x8=	8x9=
10x8=	7x7=	8x9=	9x7=
6x10=	9x8=	10x6=	8x7=
7x8=	9x5=	8x7=	10x9=
6x7=	8x9=	9x6=	7x8=
10x5=	6x8=	9x7=	8x6=
7x6=	10x7=	8x7=	9x8=

Date .... / Score ....

6x9=	7x10=	9x8=	8x9=
10x8=	7x6=	8x9=	9x7=
6x10=	9x8=	10x6=	8x7=
7x8=	9x6=	8x7=	10x9=
6x7=	8x9=	9x6=	7x8=
10x6=	6x8=	9x7=	8x6=
7x6=	10x7=	8x7=	9x8=
6x9=	7x10=	9x8=	8x9=
10x8=	7x6=	8x9=	9x7=
6x10=	9x8=	10x6=	8x7=
7x8=	9x7=	8x7=	10x9=
8x6=	10x5=	6x8=	7x6=
9x7=	8x7=	10x8=	7x8=
6x7=	9x6=	8x9=	9x8=

Date …………………………………. / Score ………………

10x6=	6x9=	7x10=	8x7=
6x7=	9x8=	8x9=	10x9=
7x8=	10x5=	6x8=	9x7=
8x6=	10x7=	8x7=	9x8=
10x8=	7x6=	8x9=	9x7=
6x10=	9x8=	10x6=	8x7=
7x8=	9x6=	8x7=	10x9=
6x6=	7x5=	8x6=	9x6=
10x8=	7x6=	8x6=	9x7=
10x7=	6x9=	9x8=	10x9=
7x7=	10x6=	8x7=	9x9=
6x9=	7x8=	10x7=	8x9=
9x7=	7x6=	10x8=	9x8=
8x6=	7x5=	9x6=	10x9=

Date .... / Score ....

6x8=	8x7=	10x7=	9x9=
7x7=	10x6=	9x8=	8x9=
9x7=	6x6=	10x8=	9x8=
8x6=	7x7=	9x6=	10x9=
6x8=	8x7=	10x7=	9x9=
7x7=	10x6=	9x8=	8x9=
9x7=	7x6=	10x8=	9x8=
8x6=	7x5=	9x6=	10x9=
6x8=	8x7=	10x7=	9x9=
7x7=	10x6=	9x8=	8x9=
9x7=	6x6=	10x8=	9x8=
8x6=	7x5=	9x6=	10x9=
6x8=	8x7=	10x7=	9x9=
7x7=	10x6=	9x8=	8x9=

Date .... / Score ....

9x7=	6x6=	10x8=	9x8=
8x6=	7x8=	9x6=	10x9=
6x8=	8x7=	10x7=	9x9=
7x7=	10x7=	9x8=	8x9=
9x7=	6x6=	10x8=	9x8=
8x6=	7x5=	9x6=	10x9=
6x8=	8x7=	10x7=	9x9=
6x3=	7x5=	8x6=	9x5=
4x6=	5x7=	6x8=	7x9=
8x4=	9x7=	10x6=	6x7=
7x8=	5x9=	9x10=	8x7=
10x3=	6x5=	8x5=	7x4=
9x6=	7x6=	6x8=	5x7=
4x10=	9x5=	10x6=	6x7=

Date ……………………………….. / Score ………………

7x8=	5x9=	9x10=	8x7=
10x3=	6x5=	8x5=	7x4=
9x6=	7x4=	6x8=	5x7=
4x10=	9x5=	10x6=	6x7=
7x8=	5x9=	9x10=	8x7=
10x3=	6x5=	8x5=	7x4=
9x6=	7x6=	6x8=	5x7=
4x10=	9x5=	10x6=	6x7=
7x8=	5x9=	9x10=	8x7=
10x3=	6x5=	8x5=	7x4=
9x6=	7x5=	6x8=	5x7=
4x10=	9x5=	10x6=	6x7=
7x8=	5x9=	9x10=	8x7=
10x3=	6x5=	8x5=	7x4=

Date .... / Score ....

9x6=	7x4=	6x8=	5x7=
4x10=	9x5=	10x6=	6x7=
7x8=	5x9=	9x10=	8x7=
6x5=	7x3=	8x4=	9x5=
8x5=	6x4=	7x5=	8x5=
9x3=	6x7=	7x4=	8x3=
9x7=	7x7=	8x7=	9x4=
6x7=	9x6=	8x3=	9x6=
7x7=	6x9=	8x4=	9x8=
8x7=	7x6=	9x7=	8x7=
6x8=	9x7=	8x6=	7x3=
9x4=	8x7=	7x6=	9x7=
8x4=	6x9=	9x8=	7x7=
9x6=	7x9=	8x3=	6x7=

Date ……………………………………….. / Score ………………

8x7=	9x6=	7x4=	8x6=
9x7=	6x8=	9x4=	7x7=
9x8=	7x7=	6x9=	8x7=
8x8=	9x7=	8x7=	6x6=
7x3=	8x6=	6x4=	9x7=
9x3=	6x7=	8x7=	7x4=
8x7=	9x4=	8x3=	7x6=
9x6=	8x3=	9x8=	6x9=
6x7=	9x7=	8x6=	7x9=
8x7=	6x9=	9x4=	8x4=
9x7=	7x6=	8x7=	7x7=
6x8=	9x7=	8x6=	7x3=
9x4=	8x7=	7x6=	9x7=
8x4=	6x9=	9x8=	7x7=

Date ……………………………………… / Score ………………

9x6=	7x9=	8x3=	6x7=
8x7=	9x6=	7x4=	8x6=
9x7=	6x8=	9x4=	7x7=
9x8=	7x7=	6x9=	8x7=
8x8=	9x7=	8x7=	6x6=
7x6=	8x6=	6x4=	9x5=
9x6=	6x5=	8x5=	7x4=
8x5=	9x4=	8x6=	7x6=
9x6=	8x6=	9x8=	7x5=
9x5=	8x7=	7x9=	9x4=
6x6=	7x5=	8x6=	9x5=
8x5=	6x4=	9x6=	7x6=
6x5=	7x4=	8x4=	9x4=
7x5=	8x5=	9x5=	6x6=

Date .... / Score ....

6x7=	7x6=	8x6=	9x6=
6x8=	7x7=	8x7=	9x7=
7x8=	6x9=	9x8=	8x8=
8x9=	7x10=	9x9=	6x10=
6x7=	8x5=	9x6=	10x8=
7x9=	6x8=	10x7=	8x6=
9x8=	7x10=	6x9=	8x9=
10x6=	9x7=	7x8=	6x6=
8x10=	6x7=	9x8=	10x9=
7x6=	10x8=	8x7=	9x10=
6x9=	8x6=	9x7=	10x8=
7x9=	9x10=	6x8=	8x6=
10x7=	8x9=	7x8=	9x6=
6x7=	9x8=	10x9=	8x6=

Date .... / Score ....

7x10=	8x7=	6x9=	9x7=
9x6=	10x8=	7x6=	8x9=
8x10=	6x7=	9x8=	10x9=
7x9=	10x7=	8x6=	9x10=
9x8=	7x10=	6x9=	8x9=
10x6=	9x7=	7x8=	6x6=
8x10=	6x7=	9x8=	10x9=
7x6=	10x8=	8x7=	9x10=
6x9=	8x7=	9x7=	10x8=
7x9=	9x10=	6x8=	8x6=
10x7=	8x9=	7x8=	9x6=
6x7=	9x8=	10x9=	8x6=
7x10=	8x5=	6x9=	9x7=
9x6=	10x8=	7x6=	8x9=

Date ………………………………… / Score ………………

8x10=	6x7=	9x8=	10x9=
7x9=	10x7=	8x6=	9x10=
6x5=	8x3=	7x4=	10x5=
9x5=	6x6=	8x7=	9x8=
10x3=	7x5=	8x5=	6x9=
9x4=	8x9=	7x8=	10x6=
6x8=	9x9=	10x5=	7x9=
8x10=	9x6=	6x7=	7x10=
10x8=	8x6=	9x5=	6x10=
9x3=	10x7=	6x6=	8x8=
7x7=	9x10=	10x9=	7x8=
8x9=	10x4=	7x6=	9x8=
6x8=	7x9=	10x5=	8x7=
9x10=	6x7=	8x4=	9x6=

Date ……………………………… / Score ………………

10x8=	8x6=	9x3=	6x10=
9x7=	10x5=	6x8=	7x9=
8x10=	9x6=	7x5=	10x4=
6x7=	8x9=	9x8=	7x6=
9x5=	10x5=	7x8=	10x9=
8x7=	6x9=	8x9=	7x10=
10x6=	8x6=	9x9=	6x10=
9x3=	10x7=	6x6=	8x8=
7x7=	9x10=	10x9=	7x8=
8x9=	10x4=	7x6=	9x8=
6x8=	7x9=	10x9=	8x7=
9x10=	6x7=	8x4=	9x6=
10x8=	8x6=	9x3=	6x10=
9x7=	10x9=	6x8=	7x9=

Date ……………………………… / Score ………………

8x10=	9x6=	7x9=	10x4=
6x7=	8x9=	9x8=	7x6=
9x9=	10x9=	7x8=	10x9=
8x7=	6x9=	8x9=	7x10=
10x6=	8x6=	9x9=	6x10=
6x8=	7x6=	9x9=	8x4=
10x5=	8x7=	6x9=	7x8=
9x6=	10x6=	7x7=	6x10=
8x6=	9x7=	6x8=	10x7=
7x6=	8x9=	9x8=	10x9=
10x8=	7x9=	8x10=	6x7=
9x10=	8x5=	10x9=	6x9=
7x10=	9x8=	10x7=	6x6=
8x10=	10x7=	7x9=	6x8=

Date .... / Score ....

9x6=	8x9=	10x6=	7x8=
10x5=	9x7=	6x7=	8x5=
7x10=	10x6=	9x6=	8x7=
9x8=	6x8=	7x7=	10x8=
6x9=	7x6=	10x9=	8x6=
8x6=	9x7=	6x8=	7x8=
7x6=	8x9=	9x8=	10x7=
10x8=	7x9=	8x10=	6x7=
9x10=	8x5=	10x9=	6x9=
7x10=	9x8=	10x7=	6x6=
8x10=	10x8=	7x9=	6x8=
9x6=	8x9=	10x6=	7x8=
10x5=	9x7=	6x7=	8x5=
7x10=	10x6=	9x6=	8x7=

Date ……………………………………. / Score ………………

9x8=	6x8=	7x7=	10x8=
6x9=	7x6=	10x9=	8x4=
8x6=	9x7=	6x8=	7x8=
7x6=	8x9=	9x8=	10x7=
10x8=	7x9=	8x10=	6x7=
9x10=	8x5=	10x9=	6x9=
7x10=	9x8=	10x7=	6x6=
8x10=	10x7=	7x9=	6x8=
9x6=	8x9=	10x6=	7x8=
10x5=	9x7=	6x7=	8x5=
7x10=	10x6=	9x6=	8x7=
9x8=	6x8=	7x7=	10x8=
6x9=	7x7=	10x9=	8x4=
8x6=	9x7=	6x8=	7x8=

Date .... / Score ....

7x6=	8x9=	9x8=	10x7=
10x8=	7x9=	8x10=	6x7=
9x10=	8x5=	10x9=	6x9=
7x10=	9x8=	10x7=	6x6=
8x10=	10x7=	7x9=	6x8=
9x6=	8x9=	10x6=	7x8=
10x5=	9x7=	6x7=	8x5=
7x10=	10x6=	9x6=	8x7=
9x8=	6x8=	7x7=	10x8=
6x9=	7x10=	10x9=	8x4=
8x6=	9x7=	6x8=	7x8=
7x6=	8x9=	9x8=	10x7=
10x8=	7x9=	8x10=	6x7=
9x10=	8x5=	10x9=	6x9=

Date ……………………………………….. / Score ……………….

7x10=	9x8=	10x7=	6x6=
8x10=	10x7=	7x9=	6x8=
9x6=	8x9=	10x6=	7x8=
10x5=	9x7=	6x7=	8x5=
7x10=	10x6=	9x6=	8x7=
9x8=	6x8=	7x7=	10x8=
6x9=	7x6=	10x9=	8x4=
8x6=	9x7=	6x8=	7x8=
7x6=	8x9=	9x8=	10x7=
10x8=	7x9=	8x10=	6x7=
9x10=	8x5=	10x9=	6x9=
7x10=	9x8=	10x7=	6x6=
8x10=	10x8=	7x9=	6x8=
9x6=	8x9=	10x6=	7x8=

Date ……………………………………. / Score ………………

10x5=	9x7=	6x7=	8x5=
7x10=	10x6=	9x6=	8x7=
9x8=	6x8=	7x7=	10x8=
6x9=	7x6=	10x9=	8x4=
8x6=	9x7=	6x8=	7x8=
7x6=	8x9=	9x8=	10x7=
10x8=	7x9=	8x10=	6x7=
9x10=	8x5=	10x9=	6x9=
7x10=	9x7=	10x7=	6x6=
8x10=	10x7=	7x9=	6x8=
9x6=	8x9=	10x6=	7x8=
10x5=	9x7=	6x7=	8x5=
7x10=	10x6=	9x6=	8x7=
9x8=	6x8=	7x7=	10x8=

Date ………………………………….. / Score ………………

6x9=	7x6=	10x9=	8x4=
8x6=	9x7=	6x8=	7x8=
7x6=	8x9=	9x8=	10x7=
10x8=	7x9=	8x10=	6x7=
9x10=	8x5=	10x9=	6x9=
7x10=	9x8=	10x7=	6x6=
8x10=	10x7=	7x9=	6x8=
9x6=	8x9=	10x6=	7x8=
10x5=	9x7=	6x7=	8x5=
7x10=	10x6=	9x6=	8x7=
9x8=	6x9=	7x7=	10x8=
6x9=	7x6=	10x9=	8x4=
8x6=	9x7=	6x8=	7x8=
7x6=	8x9=	9x8=	10x7=

Date .... / Score ....

10x8=	7x9=	8x10=	6x7=
9x10=	8x5=	10x9=	6x9=
7x10=	9x8=	10x7=	6x6=
8x10=	10x7=	7x9=	6x8=
9x6=	8x9=	10x6=	7x8=
10x5=	9x7=	6x7=	8x5=
7x10=	10x6=	9x6=	8x7=
9x8=	6x8=	7x7=	10x8=
6x9=	7x9=	10x9=	8x4=
8x6=	9x7=	6x8=	7x8=
7x6=	8x9=	9x8=	10x7=
10x8=	7x9=	8x10=	6x7=
9x10=	8x5=	10x9=	6x9=
7x10=	9x8=	10x7=	6x6=

Date ……………………………………….. / Score ………………

8x10=	10x7=	7x9=	6x8=
9x6=	8x9=	10x6=	7x8=
10x5=	9x7=	6x7=	8x5=
7x10=	10x6=	9x6=	8x7=
9x8=	6x8=	7x7=	10x8=
6x9=	7x6=	10x9=	8x4=
8x6=	9x7=	6x8=	7x8=
7x6=	8x9=	9x8=	10x7=
10x8=	7x9=	8x10=	6x7=
9x10=	8x7=	10x9=	6x9=
7x10=	9x8=	10x7=	6x6=
8x10=	10x7=	7x9=	6x8=
9x6=	8x9=	10x6=	7x8=
10x5=	9x7=	6x7=	8x5=

Date .... / Score ....

7x10=	10x6=	9x6=	8x7=
9x8=	7x7=	9x6=	6x7=
6x7=	8x5=	9x6=	10x8=
7x6=	9x8=	6x9=	8x10=
10x9=	7x8=	6x10=	9x7=
8x9=	10x7=	9x10=	6x8=
7x9=	10x6=	8x7=	9x6=
6x7=	8x10=	9x6=	10x8=
7x6=	9x8=	6x9=	8x10=
10x9=	7x8=	6x10=	9x7=
8x9=	10x7=	9x10=	6x8=
7x9=	10x6=	8x7=	9x5=
6x7=	8x5=	9x6=	10x8=
7x6=	9x8=	6x9=	8x10=

Date ………………………………… / Score ………………

10x9=	7x8=	6x10=	9x7=
8x9=	10x7=	9x10=	6x8=
7x9=	10x6=	8x7=	9x5=
6x7=	8x10=	9x6=	10x8=
7x6=	9x8=	6x9=	8x10=
10x9=	7x8=	6x10=	9x7=
8x9=	10x7=	9x10=	6x8=
7x9=	10x6=	8x7=	9x5=
6x7=	8x6=	9x6=	10x8=
7x6=	9x8=	6x9=	8x10=
10x9=	7x8=	6x10=	9x7=
8x9=	10x7=	9x10=	6x8=
7x9=	10x6=	8x7=	9x5=
6x7=	8x5=	7x7=	9x5=

Date .... / Score ....

8x4=	6x5=	7x5=	9x7=
7x4=	9x5=	6x5=	8x7=
6x6=	7x5=	8x7=	9x4=
7x6=	9x5=	6x5=	8x4=
8x5=	6x7=	7x4=	9x5=
9x6=	7x5=	8x9=	6x4=
6x5=	9x5=	7x4=	8x5=
9x6=	8x9=	6x5=	7x6=
8x4=	7x5=	9x4=	6x6=
6x5=	9x9=	8x5=	7x6=
9x5=	8x9=	7x4=	6x5=
7x5=	6x4=	9x5=	8x6=
9x9=	8x4=	7x5=	6x6=
8x5=	7x9=	9x4=	6x5=

Date .... / Score ....

9x5=	6x4=	8x6=	7x5=
7x4=	9x5=	8x6=	6x9=
9x6=	8x9=	6x5=	7x5=
8x4=	7x5=	9x4=	6x4=
6x5=	9x9=	8x5=	7x9=
7x5=	6x5=	9x6=	8x4=
8x8=	7x4=	6x6=	9x5=
9x6=	8x5=	7x6=	6x5=
8x8=	7x5=	9x4=	6x6=
9x5=	8x8=	7x4=	6x5=
7x5=	6x4=	9x5=	8x6=
9x8=	8x4=	7x5=	6x6=
8x5=	7x8=	9x4=	6x5=
9x5=	6x4=	8x6=	7x5=

Date .... / Score ....

7x4=	9x5=	8x6=	6x8=
9x6=	8x8=	6x5=	7x5=
8x4=	7x5=	9x4=	6x4=
6x5=	9x8=	8x5=	7x8=
7x5=	6x5=	9x6=	8x4=
8x3=	7x8=	6x6=	9x5=
9x6=	8x5=	7x6=	6x5=
8x3=	7x5=	9x8=	6x6=
9x5=	8x3=	7x8=	6x5=
7x5=	6x8=	9x5=	8x6=
9x3=	8x8=	7x5=	6x6=
8x5=	7x3=	9x8=	6x5=
9x5=	6x8=	8x6=	7x5=
7x8=	9x5=	8x6=	6x3=

Date …………………………….. / Score ………………

9x6=	8x3=	6x5=	7x5=
8x8=	7x5=	9x8=	6x8=
6x5=	9x3=	8x5=	7x3=
7x5=	6x5=	9x6=	8x8=
8x3=	7x8=	6x6=	9x5=
9x6=	8x5=	7x6=	6x5=
8x3=	7x5=	9x4=	6x6=
9x5=	8x3=	7x4=	6x5=
7x5=	6x7=	9x5=	8x6=
9x3=	8x4=	7x5=	6x6=
8x5=	7x3=	9x4=	6x5=
9x5=	6x4=	8x6=	7x6=
6x7=	8x6=	9x8=	10x5=
7x9=	6x10=	8x7=	9x6=

Date .... / Score ....

10x8=	7x6=	9x7=	8x9=
6x8=	10x7=	9x6=	8x5=
7x10=	8x6=	9x8=	6x9=
10x7=	9x6=	8x5=	7x8=
6x7=	8x9=	9x10=	10x6=
7x9=	6x10=	8x7=	9x6=
10x8=	7x6=	9x7=	8x9=
6x8=	10x7=	9x6=	8x5=
7x10=	8x6=	9x8=	6x9=
10x7=	9x6=	8x5=	7x8=
6x7=	8x9=	9x10=	10x6=
7x9=	6x10=	8x7=	9x6=
10x8=	7x6=	9x7=	8x9=
6x8=	10x7=	9x6=	8x5=

Date .... / Score ....

7x10=	8x7=	9x8=	6x9=
10x7=	9x6=	8x5=	7x8=
6x7=	8x9=	9x10=	10x6=
7x9=	6x10=	8x7=	9x6=
10x8=	7x6=	9x7=	8x9=
6x8=	10x7=	9x6=	8x5=
7x10=	8x6=	9x8=	6x9=
10x7=	9x6=	8x5=	7x8=
6x7=	8x9=	9x10=	10x6=
7x9=	6x10=	8x7=	9x6=
10x8=	7x6=	9x7=	8x9=
6x8=	10x7=	9x6=	8x5=
7x10=	8x6=	9x8=	6x9=
10x7=	9x6=	8x5=	7x8=

Date .... / Score ....

6x7=	9x5=	8x3=	10x5=
7x4=	6x9=	7x3=	8x9=
9x8=	7x7=	10x3=	8x6=
6x8=	9x6=	7x8=	10x4=
8x5=	6x9=	9x4=	7x6=
10x5=	7x9=	8x4=	6x7=
9x3=	10x6=	8x7=	7x10=
6x10=	9x5=	7x5=	8x8=
10x7=	8x9=	6x6=	9x7=
7x8=	6x7=	9x10=	10x8=
8x10=	10x3=	6x9=	9x6=
9x4=	7x10=	8x6=	10x4=
6x8=	9x7=	10x5=	8x4=
7x6=	8x5=	9x4=	6x7=

Date .... / Score ....

10x6=	7x9=	8x7=	9x5=
6x10=	8x4=	9x8=	7x7=
10x7=	8x9=	6x6=	9x3=
7x8=	9x5=	10x3=	8x6=
6x9=	7x5=	8x8=	10x5=
10x5=	8x7=	9x4=	7x6=
9x10=	10x6=	6x9=	8x5=
7x10=	6x8=	9x7=	10x4=
9x6=	7x9=	8x4=	6x7=
10x7=	8x9=	6x6=	9x4=
7x8=	6x7=	9x10=	10x8=
8x10=	10x3=	6x9=	9x6=
9x4=	7x10=	8x6=	10x4=
6x8=	9x7=	10x5=	8x4=

Date .... / Score ....

7x6=..	8x5=..	9x4=..	6x7=..
10x6=..	7x9=..	8x7=..	9x5=..
6x10=..	8x4=..	9x8=..	7x7=..
10x7=..	8x9=..	6x6=..	9x3=..
7x8=..	6x9=..	9x10=..	10x8=..
8x10=..	10x7=..	6x9=..	9x6=..
9x4=..	7x10=..	8x6=..	10x4=..
6x8=..	9x7=..	10x5=..	8x4=..
7x6=..	8x5=..	9x4=..	6x7=..
10x6=..	7x9=..	8x7=..	9x5=..
6x10=..	8x4=..	9x8=..	7x7=..
10x7=..	8x9=..	6x6=..	9x7=..
7x8=..	9x5=..	10x7=..	8x6=..
6x9=..	7x5=..	8x8=..	10x5=..

Date .... / Score ....

10x5=	8x7=	9x4=	7x6=
9x10=	10x6=	6x9=	8x5=
7x10=	6x8=	9x7=	10x4=
9x6=	7x9=	8x4=	6x7=
10x7=	8x9=	6x6=	9x4=
7x8=	6x7=	9x10=	10x8=
8x10=	10x9=	6x9=	9x6=
9x4=	7x10=	8x6=	10x4=
6x8=	9x7=	10x5=	8x4=
7x6=	8x5=	9x4=	6x7=
10x6=	7x9=	8x7=	9x5=
6x10=	8x4=	9x8=	7x7=
7x8=	6x7=	9x10=	10x8=
8x10=	10x9=	6x9=	9x6=

Date .... / Score ....

10x10=	8x7=	9x5=	7x6=
9x10=	10x6=	6x9=	8x6=
6x10=	6x8=	9x6=	10x5=
9x6=	6x9=	8x5=	6x6=
10x6=	8x9=	6x6=	9x5=
6x8=	6x6=	9x10=	10x8=
8x10=	10x9=	6x9=	9x6=
9x5=	6x10=	8x6=	10x5=
6x8=	9x6=	10x6=	8x5=
6x6=	8x6=	9x5=	6x6=
10x6=	6x9=	8x6=	9x6=
6x10=	8x5=	9x8=	6x6=
6x8=	6x10=	9x10=	10x8=
8x10=	10x9=	6x9=	9x6=

Date .... / Score ....

Date …………………………………. / Score ………………

Date .... / Score ....

Date …………………………… / Score ………………